K.K closet

穿秋冬

時尚總監菊池京子教妳暖搭每一天
Autumn—Winter

10.01~03.31

Buona Giornata

prologue

「喜歡」。

我最珍惜的就是這種直白的心情。

當我決定要買一件襯衫、一雙球鞋或者是很想要的包包時，

一定會挑選自己真心喜歡的款式。

即便是流行或周遭眼神都不會饒過我這種「做自己」的態度。

我在這本書中介紹了 182 套穿搭。

這些穿搭既沒有難懂的規則，也沒有所謂的對或不對。

我想說的只有一句話就是：

書裡面刊載的每一件衣服，都是我打從心底真正喜歡的單品。

帥氣、女人味、高雅、運動風、輕柔……

衣櫃裡全都是現在的我最喜歡的衣服。

它們給了我想要繼續往前邁進的無限勇氣及憧憬，

將我的想法及想要營造的氣氛捏塑成形。

所以，顏色也好，造形也好，氛圍也好，

只要它們有任何一點觸動了妳的心，就足以讓我開心不已了。

因為，

再也沒有任何事能夠像穿上最喜歡的衣著這般令人感到魅力無限、

享受時尚所帶來的快感了。

Contents

・所有商品都是我的私人物品。除了一小部分，大多已經無法在市面上買到，敬請諒解並不再接受詢問。
・各款穿搭中出現的飾品及圍巾等詳細資料請上「K.K closet」官網查詢。

october
10

01 WEDNESDAY
Back-to Basic

02 THURSDAY
今年の定番シルエット〜

03 FRIDAY

04 SATURDAY
15:00〜BODY
ム@2th

05 SUNDAY

06 MONDAY

07 TUESDAY

08 WEDNESDAY
15:00〜H取材
表参道いするcaffè

09 THURSDAY

10 FRIDAY   ccaffè
12:00 待ち合わせ

11 SATURDAY

12 SUNDAY

13 MONDAY

14 TUESDAY
ロンドンぽい"赤"

15 WEDNESDAY
実家 Yamanaka

16 THURSDAY

24 FRIDAY
web Ⓟ 10:00～

17 FRIDAY
B.Bはコスト！

25 SATURDAY

18 SATURDAY

26 SUNDAY

19 SUNDAY
3代注 セントジェームス

27 MONDAY

20 MONDAY

28 TUESDAY

21 TUESDAY
物件下見
代々木上原～富ヶ谷

29 WEDNESDAY
最後のUSモデル

22 WEDNESDAY

30 THURSDAY

23 THURSDAY
web Ⓟ 10:00～

31 FRIDAY

傍晚吹起了涼風，
俐落地在船形領 T 恤外覆上喀什米爾披肩。
時尚之秋，降臨。
配色是經典的「白、黑、米」進化版。
特意讓自己重新回到最喜歡的狀態，
感覺就像今天起又是新的一年的開始。

cutsew:agnès b.
pants:ELFORBR
shoes:TOD'S　bag:TOD'S

我再熟悉不過的老戰友，丹寧襯衫。
看過了形形色色的單品、歷經諸多想法的千錘百鍊，即便是忙著構思創意的日子裡，
直接抓起套上身的依舊是最有自己特色、最喜愛的一件。

shirt:Domingo
denim:MOTHER

格紋襯衫，跳脫美式風格，
今天想營造的是安娜卡麗娜
或珍茜寶的法國電影氛圍。
最喜歡泡在電影院裡了。
如果工作超乎意料地提早結束，
或許去看看那部電影再回家吧。

shirt:Thomas Mason/L'Appartment
knit cardigan:CHANEL white denim:AG
shoes:SARTORE bag:Anya Hindmarch

舒適的晴天，
今天的氣溫略微偏高。
想要輕鬆一下，
挑了質地涼爽輕薄的
學生布長褲。
與丹寧褲截然不同的輕鬆舒適感。

cutsew:SAINT JAMES
pants:adam et Ropé
shoes:CONVERSE bag:eb.a.gos

美麗動人的 JOHN SMEDLEY 套裝。
搭配方格紋八分長褲，十足的法國風情。
最後再紮個馬尾、刷上濃密的睫毛膏，
大功告成。

明顯露出鎖骨、充滿時尚感的運動上衣。
一直很喜歡的球鞋，
最近似乎又開始流行了起來，
踩著舊時光的感覺真是愉快。
正因為是運動風，
更要強調出大人的氣質。

ensemble:JOHN SMEDLEY
pants:ELFORBR shoes:Repetto
bag:Anya Hindmarch

trainer:Americana shirt:Thomas Mason/L'Appartment
tank top:JAMES PERSE white denim:AG
shoes:NEW BALANCE bag:ANTEPRIMA

H 雜誌的攝影工作中午之前便結束，
吃完午餐後打算去美甲沙龍。
擁有 3 種不同顏色的 MACPHEE 上衣，
領口的剪裁恰到好處，也很適合當 T 恤
般穿搭。輕鬆舒適的服裝點綴閃閃惹人
愛的飾品，製造視覺小亮點。

突然的高溫彷彿又回到了夏天。
今天的計畫是……巡視展示會場。
從衣櫃裡抓下
agnès b. 的條紋連身洋裝、
裸足套入便鞋。
戴上太陽眼鏡，出門去囉。

knit:MACPHEE denim:MOTHER
shoes:CONVERSE
bag:J&M Davidson

one-piece:agnès b.
cardigan:ASPESI
shoes:SARTORE bag:ANTEPRIMA

「正式的經典款」也能穿出女人味。
將鈕扣整齊地扣好看起來是很可愛，
但我就是想讓它稍微跳脫傳統。
鬆開鈕扣，只把襯衫前方的下擺塞入褲頭內，
搭配 Dior 耳環及紅色手提包，
精神抖擻地去各家品牌探訪吧，GO！

將前天的穿搭改成了褲裝版本。
白色長褲散發出
彷彿歐洲貴婦般的「魄力」感。
殘暑之白搭配寶石綠，
爲法式風情增添了淡淡的甜美氣息。

shirt:Gitman Brothers cardigan:JOHN SMEDLEY
pants:ELFORBR shoes:TOD'S
bag:Anya Hindmarch

cutsew:SAINT JAMES cardigan:ASPESI
white denim:AG shoes:L'Artigiano di Brera
bag:ANTEPRIMA

剪裁，細節，
再加上重現仿舊質感的種種堅持，
讓我一眼就愛上了這件長褲。
刻意搭配套裝上衣、耳環及紅鞋，
營造俏皮可愛的感覺。

條紋連身洋裝一不小心就容易顯得孩子氣。
是不是可以利用一些成熟的小飾品來集中焦
點呢……於是我想到了 GIVENCHY 的平底
便鞋。在展示會場看到了騎士外套，感覺它
即將再度引爆流行。這件讓人憶起了 20 出
頭青春歲月的單品，依舊令我動心不已呀。

ensemble:JOHN SMEDLEY
denim:GOLDEN GOOSE
shoes:Repetto　bag:ANTEPRIMA

rider's jacket:beautiful people
one-piece:agnès b.
shoes:GIVENCHY　bag:GOLDEN GOOSE

永遠不敗的白襯衫 × 丹寧褲。
即便是老搭檔，不同寬窄與色澤的丹寧褲
及各式剪裁與版型的襯衫，隨著時代的變
遷，各自演化出不同的搭配風格及氛圍。
今年當道的是刷色丹寧褲與寬大的襯衫。
肩膀再加上一條經典的蘇格蘭格紋披巾。

shirt:Frank&Eileen for Ron Herman
denim:ZARA　shoes:NEW BALANCE
bag:eb.a.gos

感覺就像是法國女孩 in 美式風格。
充滿女人味的大圓耳環我也很喜歡。
雖然每一件都是我的常用單品……
但是這個組合所散發的氣息
卻令我感到十分新鮮。
今天要與前助理 I 共進午餐。

trainer:Americana　skirt:DEUXIÈME CLASSE
shirt:REMI RELIEF/L'Appartment
shoes:SARTORE　bag:J&M Davidson

10 / 15　　　10 / 16

回山梨的老家住一晚。
為了應付富士山稍微寒涼的氣溫
挑了這件喀什米爾針織衫。
白色針織衫會讓表情顯得較為柔和，
於是搭配太陽眼鏡
來加強整體的視覺印象。

兩天一夜的旅行，
我最常使用的伎倆就是：只換上衣（笑）。
今天穿的是輕鬆的毛線衫。
穿搭上若是黑色的比例偏重，
容易給人一種強勢的印象，
因此加上一副眼鏡來凸顯經典感。

knit:Drawer
pants:ELFORBR
shoes:TOD'S bag:Anya Hindmarch

knit:MACPHEE
pants:ELFORBR shoes:TOD'S
bag:Anya Hindmarch

令人無法抗拒的舒適觸感，
一條一條慢慢蒐集中的 JOHNSTONS

老店 JOHNSTONS 的披巾。職業習慣再加上從事雜誌企劃
工作的關係，老早以前就是我的愛用品，東西的優點我也相
當清楚。不過，當初要購買第一條時，我可是考慮了好久好
久。記得那是 10 年前的事情了吧？

最後我終於下定決心買了駝色的披巾。整張大大的攤開、折
起來放在膝蓋上或像圍巾一樣捲在身上，不論是分量感、質
感、氣質⋯⋯都完美得挑不出缺點。每逢氣候多變的季節，
我一定會在包包裡塞入一條帶著走。

粗呢外套 × 五分丹寧褲。
對我來說，
歐洲風格的秋裝造型基本配備
就是「渡假日曬古銅肌」。
等天氣再冷一點，裡面可以
再加一件有 LOGO 的運動衫。

jacket:Kiton　t-shirt:three dots
half denim:green
shoes:Pretty Ballerinas　bag:ANTEPRIMA

難得的空閒時間，
帶著還沒看完的文庫本
來到常去的咖啡館。
丹寧褲的藍色調
與古色古香的木質櫃台
及深褐色的咖啡相映生輝。

shirt:Domingo
denim:MOTHER　shoes:CONVERSE
bag:eb.a.gos

與 R 公司共同合作設計的襯衫與抽繩褲。
經歷了商品的共同開發之後，
我對於運動風格單品
也有了不同的體認：
跳脫甜美的優雅以及成熟大人的韻味，
相對變得更重要了。

將這件工作褲穿出成熟女性的性感氣氛。
對我來說，這種感覺是最基本的。
我二十幾歲的時候非常憧憬米蘭女性的
帥氣有型，從那時候開始，這樣的穿搭
風格便成為我的基本搭配。
套上芭蕾平底鞋，再戴上墨鏡……。

shirt:Frank&Eileen for Ron Herman
pants:Ron Herman
shoes:NEW BALANCE bag:eb.a.gos

jacket:Kiton t-shirt:three dots
pants:green
shoes:MAURO LEONE bag:ANTEPRIMA

最近好想搬家喔！
注意力老是飄向路旁的房屋仲介公司。
法式開襟外套搭配英國風的包包。
打造出一身有如住在巴黎的英國人
——珍柏金的氣息出門去。

讓身體曲線顯得凹凸有致的貼身裙，
條紋上衣的下擺則鬆鬆地收進裙內。
我非常著迷於這種穿法所營造的氛圍。
針織布料的貼身裙，
對我來說算得上是經典款吧，
所以特地挑選了黑與白的搭配。

knit cardigan:CHANEL
cutsew:SAINT JAMES　denim:MOTHER
shoes:CONVERSE　bag:Anya Hindmarch

knit:MACPHEE　skirt:DEUXIÈME CLASSE
shoes:Christian Louboutin
bag:PotioR/ESTNATION

10／23

網頁用的穿搭設計拍攝日。
全身海軍藍的輕鬆造型，
只有包包是白色的。
白色自然散發著運動風的氣味。
在充滿濃濃男孩風的穿搭中，
珠寶飾品閃閃發光。

knit:MACPHEE
denim:MOTHER shoes:CONVERSE
bag:J&M Davidson

10／24

網頁穿搭拍攝第二天。
裡面搭配的是重新粉墨登場的 PETTI BATEAU T 恤及珍珠項鍊。
最近，我試著重新詮釋自己的經典造型。T 恤比正常的大一號，便是當今最流行的寬鬆度。

knit cardigan:CHANEL
t-shirt:PETIT BATEAU denim:FRAME
shoes:CONVERSE bag:J&M Davidson

10 / 25　　10 / 26

十年不見，與高中時代的友人再次相會。
放心讓孩子學著單飛的她，現在正忙於社會
福利的相關工作。我們彼此分享了最近的生
活，時間就這麼一點一滴飛逝而去。
透過時尚，我想做的事情，以及我辦得到的
事情。我的心再次回到了原點。

knit:STUNNING LURE
blouse:Bagutta　pants:DOROA
shoes:UGG　bag:Anya Hindmarch

丹寧褲與蘇格蘭格紋真可謂是完美搭檔。
丹寧 × 丹寧的穿搭流露著
我最愛的六〇年代氛圍。
造型隨興的髮絲間，
大大的耳環隱約可見。

shirt:Domingo
denim:MOTHER　shoes:CONVERSE
bag:eb.a.gos

Column 01 :

Annie Hall

這部電影就是原點！
女生穿男裝眞是太酷了

有段日子我非常沉迷於看老電影，當時
看的電影，後來幾乎都成了我從事時尚
工作時彌足珍貴的養分。其中，在伍迪
艾倫的電影《安妮霍爾》裡，穿著完全
不合身的寬大長褲或男裝外套的黛安
基頓實在是帥氣到不行！我完全顧不
得劇情走向，兩眼從頭到尾就只對服裝
的部分緊盯不放。

一直想著該怎麼讓格紋顯得更加俐落率性。
把大概是兩年前買的 Ron Herman 長版
開襟外套當披肩般裏在身上。
有些校園風，又帶點男孩風。
早晚的氣溫似乎更涼了。

cardigan:Ron Herman
t-shirt:PETIT BATEAU pants:DOROA
shoes:CONVERSE bag:GOLDEN GOOSE

將緊身裙換成了丹寧裙的變化穿搭。
褲子×踝靴營造的摩登氣息
與當下的季節十分般配。
特意將二條項鍊交疊配戴。

與昨日氣氛截然不同的緊身款式。
長度到膝下的鉛筆裙充滿了古典的氣息。
LANVIN COLLECTION 的灰色褲襪，
鞋型纖細的 NEW BALANCE 996。
搭配球鞋呈現的均衡感另有一種時尚樣貌。

knit:MACPHEE skirt:MACPHEE
shoes:Christian Louboutin
bag:Anya Hindmarch

trainer:AMERICAN RAG CIE
skirt:AMERICAN RAG CIE
shoes:NEW BALANCE tote bag:L.L.Bean

V 領線衫加白色 T 恤。
我好喜歡白色所散發的運動風氣息。
全身深藍的攝影造型十分簡潔,
但我就是很想再加點「什麼」
來製造亮點。小小驚喜。

knit:three dots t-shirt:ZARA
pants:Ron Herman
shoes:L'Artigiano di Brera tote bag:L.L.Bean

與女性品牌宣傳在旅館共進午餐。
注意搭配上的平衡感、再更換一下飾品,
10/25 日的校園風穿搭搖身一變成了摩登時
尚的大人。裸色包鞋的威力真強大。
像這樣在穿搭上嘗試各種可能性,
實在太有趣了。

knit:STUNNING LURE blouse:Bagutta
pants:DOROA shoes:Christian Louboutin
bag:GOLDEN GOOSE

november

11

Hot Colors

01 SATURDAY	**08** SATURDAY
物件→目黒	カシミアが チモチ いい～
02 SUNDAY	**09** SUNDAY
03 MONDAY	**10** MONDAY
04 TUESDAY	**11** TUESDAY
05 WEDNESDAY	**12** WEDNESDAY
10:00～	
17:00～ビエン	
06 THURSDAY	**13** THURSDAY
07 FRIDAY	**14** FRIDAY
15:00～ ヨックモック 7F AT3	
K氏	**15** SATURDAY ストールと セット

16 SUNDAY	**24** MONDAY
	13:30 漆、いめん
17 MONDAY	**25** TUESDAY
打ち合わセ カタログ	
18 TUESDAY	**26** WEDNESDAY
19 WEDNESDAY	**27** THURSDAY
	フィッティング 18:00〜 19:00
20 THURSDAY	**28** FRIDAY
21 FRIDAY	**29** SATURDAY
	ターコイズっぽい ブルー
22 SATURDAY	**30** SUNDAY
オーダくショソ 17:00〜 21:00〜	19:00〜山口工〜 湯島食堂
23 SUNDAY	
取材 → 桜新町 フレンチ	

黑 & 紅。
之所以下意識地想要給自己一點刺激、
激發內在的能量，一方面也可能是因為
受到九月時看的米蘭服裝秀的影響。
挑選了基本上平時很少穿的顏色，
特意將它轉換成「適合我的造型」。
紅色具有強烈的復古感、時代感，
以及英國氣氛。

knit:BLUEBIRD BOULEVARD for Ron Herman
pants:Ron Herman shoes:GIVENCHY
bag:GOLDEN GOOSE

秋天爽朗晴空般的藍，以及生動鮮明的粉紅。
不僅僅是女孩味，我還想要更能打動我自己、更棒的穿搭。
多一些變化，多一些氛圍，多一些挑戰。色彩繽紛的心情。

knit:SO NICE
denim:ZARA shoes:CONVERSE
bag:Anya Hindmarch

去房屋仲介公司看過幾個案子之後，
在回家路上繞去覺得還不錯的居家裝潢店。
彷彿混入了土耳其石般、
色彩鮮豔的藍色針織衫，
搭配海軍藍長褲的同色系清爽穿搭，
令人精神為之一振。

knit:Johnstons shirt:REMI RELIEF/L'Appartment
tank top:JAMES PERSE pants:Ron Herman
shoes:CONVERSE bag:ANTEPRIMA

Denim on denim.
一直到去年，我都習慣以白襯衫 × 丹寧褲，
現在則想做更進一步的挑戰。
我不斷嘗試著把摩登與頂尖時尚
融入自己的日常穿搭中。
憧憬與現實的結合。

shirt:Frank&Eileen for Ron Herman
denim:MOTHER shoes:CONVERSE
tote bag:L.L.Bean bag:ANTEPRIMA

早晚溫差大的日子，
就在包包裡塞入一條披巾帶著走。
這條蘇格蘭格紋披巾可以提供
喀什米爾等級的暖度。
搭乘外景車時可以放在膝上保暖，
外出時也可以披在肩膀上。

knit:MACPHEE denim:FRAME
shoes:CONVERSE
tote bag:L.L.Bean bag:ANTEPRIMA

要穿搭鮮豔的顏色時，
通常我會搭配丹寧褲。
想要一件有漂色效果的藍色丹寧褲
結果在 ZARA 找到了。
隱約透出來的白色背心
讓桃紅色顯得更有運動氣味。

knit:SO NICE tank top:JAMES PERSE
denim:ZARA shoes:CONVERSE
bag:PotioRxmartinique

運動風結合雅緻感，
這就是秋冬時尚的穿搭關鍵。
將我慣用的丹寧褲與芭蕾平底鞋
搭配抽繩褲與 NEW BALANCE。
抽繩褲的光澤感，襯衫的寬鬆度。
球鞋讓整體穿搭顯得更具成熟的大人風情。

shirt:Frank&Eileen for Ron Herman
pants:Ron Herman
shoes:NEW BALANCE bag:ANTEPRIMA

圓領針織衫、梯形短裙、緊身襪、鞋子
……全都是黑色，營造出連身洋裝的錯
覺。加上一條今年最潮的披巾，馬上流
露出明顯的摩登氣味。在沒辦法老是做
差不多的搭配、或發懶覺得累的日子，
這套穿搭就變得非常方便了（笑）。

knit:MACPHEE
skirt:theory shoes:GIVENCHY
bag:Anya Hindmarch

Anya 的紅色包包發揮了不錯的效果，
這樣的配色很有我的個人風格。
我的拍攝日慣用穿搭：活動方便的條紋
上衣×輕鬆長褲，再外加一件短版背心。
即便是工作服，
也要充分享受時尚穿搭的樂趣。

down vest:DEUXIÈME CLASSE
cutsew:SAINT JAMES pants:NINE
shoes:Repetto bag:Anya Hindmarch

因為實在太適合搭配窄管褲了，
衝動之下買了這件海軍藍的粗針織背心。
平常我會以海軍藍的鞋子作爲聚焦重點，
但今天換成了紅鞋。
就像在化妝一樣。
嗯～果然還是紅色的好呀。

knit vest:martinique pants:ZARA
shirt:Frank&Eileen for Ron Herman
shoes:Repetto bag:PotioRxmartinique

我超喜歡這種奢華感十足的
喀什米爾卡其色披巾與藍色的組合，
這樣的配色特別有一種幸福感。
小粒珍珠串起的項鍊，在純淨、
質感舒適的穿搭上散發著優雅的光輝，
十分調和。

knit:Johnstons tank top:JAMES PERSE
denim:ZARA shoes:TOD'S
bag:PotioRxmartinique

今天利用裙子來帶出藍色。
炭灰色緊身襪搭配露趾鞋。
自從在米蘭的服裝秀上驚鴻一瞥之後，
我就非常想要試試看這樣的腳部搭配。
乳白與灰褐色，
色彩輕柔卻相當具有溫度的一種配色。

knit:Drawer
skirt:THE RERACS
shoes:Audrey bag:TOD'S

Favorite Item 02 :

RALEIGH BIKE

潔淨的白搭配焦糖色。
好喜歡這種歐洲氣息的配色。

心想拍攝商品時或前去洽談商借道具
時或許也可以騎著去，於是買了這台
腳踏車。沒想到有機會騎上這台車的
時候百分之百都是假日。晴天或舒適
的季節，我會踩著單車到大公園，找
一張長椅看看書。來自英國的老品牌
RALEIGH，散發著純正血統的氣質。

新鮮感藍色穿搭，第三天。
今天要做雜誌的企劃採訪。
壓中線的長褲 × 球鞋
是我一直以來經常出現的穿法。
今天要以色彩來呈現高雅的運動風。
在我的專屬穿搭裡大膽的丟入藍色。

vest:DEUXIÈME CLASSE
knit:Johnstons tank top:JAMES PERSE
pants:sov. shoes:CONVERSE bag:TOD'S

將球鞋的配色分散到全身的穿搭上。
不斷蒐集各種喜愛的單品，發現手邊的
所有物品，彼此之間在配色上竟也不至
於有所衝突，實在太奇妙了。
想搭配的包包顏色在紅或黃之間舉棋不
定，今天暫且試試紅色的吧。

knit:theory　skirt:Drawer
tank top:JAMES PERSE
shoes:NEW BALANCE　bag:Anya Hindmarch

換上白色長褲，
竟然別有一種保守派的氣息。
在長版的上衣底下透出合身長褲，
絕妙的均衡旋律相當具有我心嚮往的
米蘭仕女氣質。
最後添上的是季節感濃厚、醒目的黃。

knit vest:martinique
cutsew:SAINT JAMES　white denim:AG
shoes:SARTORE　bag:TOD'S

主角黃裙與少量的豹紋，
極具視覺衝突效果的搭配。
黑色的粗針織衫在兩側做了開衩設計，
色塊就這麼隱約的從縫間透了出來，
感覺好可愛。

knit:VINCE　skirt:Shinzone
shoes:PIERRE HARDY
bag:TOD'S

前去某品牌討論產品目錄的穿搭走向。
工作日穿著羽絨背心實在太方便了。
華麗炫目的黃色包包，
光是提在手上就讓人覺得幹勁十足。
帶著興奮的心情迎接新工作。

down vest:DEUXIÈME CLASSE
shirt:Gitman Brothers　pants:NINE
shoes:GIVENCHY　bag:TOD'S

11 ／ 18   11 ／ 19

今天休假。一早就出門去看房子。
鮮豔醒目的 NIXON 迷你款。
雖然只是小小的手錶，
粉紅色的聚焦效果卻是如此強大。
利用色彩為常用的藍色調
添加些許調味料。

knit cardigan:CHANEL
cutsew:SAINT JAMES denim:FRAME
shoes:CONVERSE bag:J&M Davidson

昨天是海軍藍條紋，今天的選擇是
黑色 × 胚布色。手錶挑的是藍色。
身上雖然是適合自己的服裝，但有時就是
覺得似乎缺少了點什麼。利用明顯的小飾
品為整體造型注入活力。沒想到這種媚俗
風格的效果也挺不錯呢。

fur vest:Ballsey/TOMORROWLAND
cutsew:SAINT JAMES white denim:AG
shoes:VANS bag:TOD'S

11／20

11／21

這套穿搭的發想起自於
想要以紅色營造六○年代的氛圍。
以袖長較短、帶點二手衣趣味的
可愛針織衫搭配藤編手提包,
最後再圈上一條圍巾。

因為臨時的一句「我正好來到附近」,
相約來到車站前的咖啡館。
隨手一抓的紅色包包
與剛好穿在身上的粉紅色針織衫,
搭配起來竟然還滿可愛的。
腳上的球鞋緊張又興奮地領著我前行。

knit:BLUEBIRD BOULEVARD for Ron Herman
denim:ZARA shoes:Repetto
bag:eb.a.gos

knit:SO NICE tank top:VINCE
denim:ZARA shoes:CONVERSE
bag:Anya Hindmarch

一身黑，只有腳上套著紅鞋。
最近在展示會場老是看到騎士外套，
突然想起自己也有呀，
趕緊從衣櫃抓出來穿穿看。
今天要為參與品牌目錄拍攝工作的
模特兒進行選秀。

rider's jacket:beautiful people
knit:MACPHEE pants:Drawer
shoes:Repetto bag:GOLDEN GOOSE

Map 01 : Favorite Sweets Shop

充滿我最喜歡的復古風情，
送禮自用兩相宜的甜點店

03: 柏水堂
神保町地區的經典名店！
濃濃復古風的西式點心

位在出版社林立的神保町名店，不少編輯都是它
的忠實粉絲。有時我會和交情好的寫手在店裡面
喝喝茶，或者討論開會。照片中的無花果蛋糕，
不論是紙杯或造型都非常討人喜愛。

01: 近江屋洋菓子店
當季水果粒粒可見
手工水果雞尾酒

去朋友家作客時，我經常會帶著近江屋的水果雞尾
酒前往。店家本身的裝潢已經相當復古了，懷舊的
包裝紙與閃著粉紅色金蔥的緞帶更是充滿了舊時代
的風情。再加上溫暖人心的氛圍，是我非常喜歡的
一家店。

● 03: 柏水堂

Yasukuni St.

01: 近江屋洋菓子店 ●

Surugadaishita

● 02: SASAMA

02: SASAMA
自然的甜味令人迷戀
水羊羹與生和菓子

店家的入口非常小，
有扇一推動就會嘎啦作響的推門……
深具珍貴日本風情的一家店。
因為就位在藝術指導F的事務所附近，
有時候我會順道買些日式點心去開會。

● 04: 一元屋

Hanzomon

04: 一元屋
回老家時經常來這兒買伴手禮。
只賣金鍔燒與最中餅，簡單俐落。

我的外甥與外甥女很愛吃甜點卻又相當挑嘴，他們
最喜歡的就是這一家的最中餅。所以我要回老家
時，經常會來這裡買東西再回去。有點甜又不會太
甜的滋味相當雅緻，小小的個頭也十分討喜。

採訪兼吃飯。不知道爲什麼，與女性編
輯碰面時，我穿裙子的機率特別高。
這樣的穿搭造型，
脫下背心立即散發出女人氣息。
挑選藍色系，搭配背心，
在整體造型中添加屬於我的運動風格。

───────────────
down vest:DEUXIÈME CLASSE
knit:JOHN SMEDLEY skirt:THE RERACS
shoes:Repetto bag:GOLDEN GOOSE

無刷色丹寧布版本的 Denim × Denim。
以具有我個人風格的方式表現民族風、
結合憧憬的義大利女性風情，
透過異業合作的方式曾經推出過的斗篷。
以披巾的方式隨興披在身上。

───────────────
poncho:ESTNATION
shirt:Domingo denim:AG
shoes:CONVERSE tote bag:L.L.Bean

從線條寬鬆的針織衫底下透出裙擺
的穿搭。
實在太喜歡，於是一穿再穿的這件
裙子，類似潛水衣布料的質地加上
絕妙的藍色，散發濃濃的季節感。

之前搭配的是藍色手錶，
這次就只換了粉紅色。
果然比藍色更具些微的甜美氣息。
穿上飽滿華麗造型出去玩吧……
這個月總是有這樣的念頭。

duffel coat:Scye knit:theory
skirt:THE RERACS t-shirt:JAMES PERSE
shoes:Audrey bag:Anya Hindmarch

fur vest:Ballsey/TOMORROWLAND
cutsew:SAINT JAMES white denim:AG
shoes:VANS bag:TOD'S

穿著具有提振精神效果的粉紅 × 海軍藍
前去為模特兒們試衣。
英語很重要呀～我開始認真這麼覺得。
中規中矩的穿搭也能帶給我一些刺激。
丹寧褲也不錯，
但今天倒是比較適合搭配抽繩褲呀。

knit:SO NICE cutsew:GAP
pants:Ron Herman shoes:NEW BALANCE
bag:PotioRxmartinique

圓領開襟衫 × 丹寧褲、風衣再加上
圍巾。均衡的黃金比例讓我一下子
就迷戀上這些色彩。穿上都會氣息
濃厚的祖母綠，心情也跟著穩重了
起來。集輕鬆與氣質於一身的絕佳
搭配。

trench coat:green cardigan:ASPESI
tank top:JAMES PERSE denim:AG
shoes:L'Artigiano di Brera bag:PotioRxmartinique

頭髮垂放下來、戴上針織帽，
這件衣服也能穿出運動風！
雖然質感或色彩都很優雅啦。
一大早就展開一整天的拍攝工作。
工作服除了具備功能性，
也刻意維持時尚感。

knit:MACPHEE
pants:Ron Herman shoes:GIVENCHY
bag:GOLDEN GOOSE

這套穿搭想要呈現的是：
巴黎女子偷偷借穿男朋友的外套！
與擔任品牌宣傳的女性友人
一起出門的時候，
在穿搭上能夠極盡所能地
挑戰極限也是一種樂趣。

coat:STELLA McCARTNEY knit:SO NICE
tank top:VINCE pants:DOROA
shoes:CONVERSE bag:Anya Hindmarch

december
12

Neo Classic

01 MONDAY

02 TUESDAY

03 WEDNESDAY

04 THURSDAY

05 FRIDAY

06 SATURDAY

07 SUNDAY

08 MONDAY

09 TUESDAY

10 WEDNESDAY

11 THURSDAY

12 FRIDAY

13 SATURDAY

14 SUNDAY

15 MONDAY

16 TUESDAY

17:00 パレスホテル KK OK 取材

17 WEDNESDAY

Ⓟ 10:00〜 カタログ ゴーシーズ

18 THURSDAY

20:00
GINZA F K OK 打合せ

19 FRIDAY

ShIP 19:00 に様

20 SATURDAY

21 SUNDAY

22 MONDAY

23 TUESDAY

24 WEDNESDAY

KK Ⓟ

Ⓖ シャンパン手配

25 THURSDAY

26 FRIDAY

27 SATURDAY

グレージュの色
大好き♡

28 SUNDAY

29 MONDAY

30 TUESDAY

Tamanaka

31 WEDNESDAY

絲質裙的長度稍長，大概是能夠藏住膝
蓋的長度。針織衫與柔軟裙裝的組合。
以不同質感的黑色打造的清一色穿搭，
最後再加上靴子與包包完成工作裝風格。
穿上最擅長的造型真是愉快極了。
能夠隨心所欲的自行調整。

knit cape:Del Santo knit:VINCE
skirt:ADORE shoes:MANOLO BLAHNIK
tote bag:L.L.Bean

空氣一下子變冷了，呼吸時嘴裡不斷冒出白霧，街上的人們步伐倉促，行色匆匆。
從一個展示會場走到另一個展示會場，覺得自己的腳步似乎也跟著急促了起來。
灑脫的褲裝，搭配集優雅華麗與活動性於一身的仿毛皮背心。

fur vest:Ballsey/TOMORROWLAND
knit:MACPHEE pants:Drawer
bag:TOD'S tote bag:L.L.Bean

這件梯型裙與 BUTTERO 的騎馬靴
終於成套出現了。
內搭的船型領上衣與夏季材質的薄襯衫
做多層次搭配,
形成白、黑、米色的另一種版本穿搭。

12/01 日的穿搭造型變化版。
換了不同的鞋子、包包與首飾,
一整天在 JIL SANDER、LANVIN……
等展示會場來回奔走。
想在穿全身黑的時候搭配於是買下的這
個包包,當初的決定果然是對的!

down vest:DEUXIÈME CLASSE shirt:Bagutta
tops:SAINT JAMES skirt:ADORE
shoes:BUTTERO bag:Anya Hindmarch

knit cape:Del Santo
knit:VINCE skirt:ADORE
shoes:GIUSEPPE ZANOTTI bag:TOD'S

白襯衫搭配絲質抽繩褲。
明明是黑白米的經典配色，
組合起來卻有一種截然不同的新鮮感。
襯衫的版型、仿毛皮背心的稍短剪裁、
米色系的運動風抽繩褲⋯⋯
萃取出最精華的摩登元素。

膝下處變得合身服貼的經典八～九分褲。
加了裝飾褶線及低檔的設計
讓人一下子就被它俘虜了。
搭配透明的 swatch 手錶，
刻意打破優雅的均衡感。

fur vest:Ballsey/TOMORROWLAND
shirt:Frank&Eileen for Ron Herman
pants:Ron Herman　shoes:Repetto　bag:TOD'S

knit:MACPHEE
pants:Drawer
shoes:Repetto　bag:TOD'S

今天是黑白藍的慣用配色。
白色的視覺效果強烈，因此只需要少量的、
線條式的點綴，就能輕鬆營造出不同的氛圍。
白色具有清潔感，能夠營造出運動風。
工作結束後若是還有其他約會時，
只要再添上一串珍珠即可，方便極了。

長度剛好能夠蓋住短褲的西裝式大衣。
穿上之後的背影顯得好可愛，
超喜歡這件大衣。
女性穿著類似男裝的單品，
特別有種俏皮的感覺，
這一點對我來說是絕不可缺的小點綴。

knit cape:Del Santo knit:H&M
long sleeve t-shirt:H&M pants:Banana Republic
shoes:BUTTERO bag:Anya Hindmarch

coat:STELLA McCARTNEY knit:SAINT JAMES
shirt:FRED PERRY short pants:DEUXIÈME CLASSE/L'allure
shoes:BUTTERO bag:Anya Hindmarch

將寬鬆的高領粗條紋針織背心
穿出女學生風。
搭配白色的包包顯得更優雅了。
加上太陽眼鏡及長項鍊，
展現出六〇年代女星的明星氣質。

這件附有復古核桃造型鈕扣的軟呢外套，
讓 12/07 日的穿搭造型一下子
增添了不少懷舊風情。
將斗蓬整個往上推，
做出豐盈蓬鬆的脖圍效果。

knit vest:martinique
shirt:Frank&Eileen for Ron Herman
skirt:theory shoes:MANOLO BLAHNIK bag:J&M Davidson

coat:J&M Davidson knit cape:Del Santo knit:H&M
long sleeve t-shirt:H&M pants:Banana Republic
shoes:BUTTERO bag:Anya Hindmarch

12 ／ 11　　　　12 ／ 12

黑色＋棕色。
顏色有點像可可的麂皮裙
及類似男生用的圍巾。
昨天的海軍藍帶點運動風，
換成棕色之後瞬間就顯得成熟大人味了。
米蘭街頭的氛圍。

coat:J&M Davidson　knit:H&M
skirt:CINQUANTA
shoes:VIA MAESTRA　bag:Anya Hindmarch

自從看過電影《口號》之後，我心目中
的復古單品第一名就非背心裙莫屬了。
穿起來顯得可愛俏皮卻一點兒也不幼稚。
我想要將它穿得帥氣一點。
可愛與帥氣兩者似乎有點極端，
但我就是喜歡這樣的感覺。

turtleneck knit:JOHN SMEDLEY
jumper skirt:ADORE
shoes:Repetto　bag:eb.a.gos

紅色芭蕾平底鞋
發揮了極佳的點睛效果。
整體繭型的線條
令人聯想到奧黛莉赫本。
真的覺得冷可以再加穿保暖襪。

coat:J&M Davidson
knit:VINCE　pants:Drawer
shoes:Repetto　bag:GOLDEN GOOSE

這條裙子是 10 年前買的。
後面有拉鍊的高腰設計，
反而剛好符合當今的流行氣息。
內搭 H&M 針織衫，
讓整體顯得有點像是黑色小洋裝。
以駝色及金色增加亮點。

coat:J&M Davidson　knit:H&M
skirt:theory　shoes:GINZA KANEMATSU
bag:Anya Hindmarch

為 M 雜誌的專題企劃進行採訪。
長版針織衫加上長裙、及膝長靴……
以清一色的灰將全身上下包起來。
朝著運動風、校園風的方向發想
並注意讓整體氣氛維持平衡。

對我而言，
這套穿搭可以說是灰色造型的發想原點。
PRADA 的針織衫、細條紋的壓中線長褲。
搭配 CONVERSE 球鞋則是我個人的穿著
態度。
以顏色製造視覺逆襲的小小任性。

coat:STELLA McCARTNEY cardigan:Ron Herman
tank top:JAMES PERSE skirt:L'AGENCE
shoes:GINZA KANEMATSU bag:GOLDEN GOOSE

trench coat:green knit:PRADA
pants:JOSEPH
shoes:CONVERSE bag:GOLDEN GOOSE

Favorite Item 03 : PRADA SWEATER

讓我初識灰色之美的
針織衫

有十幾年了吧，這件去採訪米蘭時裝秀時買的 PRADA
針織衫。這麼多年來它始終不曾變形，也從沒出現脫
線的窘狀。好東西就是不一樣啊，這件單品讓我有機
會印證了這句話。當時的 PRADA 店員就是穿著這件
針織衫搭配寬鬆的灰色長褲，頸上只點綴著一條單鑽
項鍊，頭上頂著金髮紮成的髮髻⋯⋯灰色竟然也能穿
的如此時尚！內心既激昂又感動。

12／17　　12／18

在青山的攝影棚爲某品牌的產品目錄進行
拍攝作業。在條紋上衣與抽繩褲的慣用穿
搭中混入了炭灰色，整體氛圍馬上變得很
不一樣。感覺眼鏡似乎已經快變成跟首飾
差不多的裝飾品了，戴上之後臉孔所呈現
的氣質印象完全不同，實在有趣。

F 及 O 一起年終聚餐，
剛好有機會穿上這套穿搭。
側開式設計的 VINCE 針織衫，
搭配豹紋短裙。
俏皮可人的裝扮。

fur vest:Ballsey/TOMORROWLAND
shirt:Frank&Eileen for Ron Herman　cutsew:SAINT JAMES
pants:Ron Herman　shoes:GIVENCHY　bag:TOD'S

coat:Ron Herman　knit:VINCE
skirt:DEUXIÈME CLASSE
shoes:Repetto　bag:Anya Hindmarch

12 / 19

12 / 20

今天要去廣尾的和食屋參加年終尾
牙聚餐。想要穿得低調一點，全身
上下都是黑色、只在鞋子上做點文
章，就以這身裝扮赴約。
大圓耳環及手鍊的金黃色細絲線條
優雅迷人。

星期六，好久不曾的約會。
只要一件俏皮的短版羽絨背心
就能完整展現我個人風格的
「俏麗黑色」氣息。
羽絨背心之外再加上一頂毛線帽。

coat:J&M Davidson knit:MACPHEE
pants:Drawer
shoes:GINZA KANEMATSU bag:TOD'S

down vest:DEUXIÈME CLASSE
knit:VINCE skirt:ADORE
shoes:MANOLO BLAHNIK bag:TOD'S

12／21　　　12／22

蕾絲裙搭配常用的條紋上衣，裡面再搭
一件套頭針織衫。
由於 SAINT JAMES 的材質較厚，用來
做多層次搭配時依然能提供保暖效果。
和女性友人們聚餐。
天氣突然開始變得好冷呀。

一直很照顧我的某品牌社長，
招待我去一家位於麻布十番的星級名店。
沿用 12/18 日的穿搭，
只稍微換了一些飾品，
讓整體造型更爲古典雅緻。

rider's jacket:beautiful people cutsew:SAINT JAMES
turtleneck knit:JOHN SMEDLEY skirt:AMERICAN RAG CIE
shoes:MANOLO BLAHNIK bag:GOLDEN GOOSE

coat:Ron Herman knit:VINCE
skirt:DEUXIÈME CLASSE
shoes:GIUSEPPE ZANOTTI bag:Anya Hindmarch

請乾洗店代買的
「ISHIKAWA」除塵衣刷

有一間乾洗店能夠讓我放心地把重要
衣物的清洗工作交給他們。冬季時送
洗的毛料外套，取回時外套上的光澤
十分美麗。把當下的感動告訴乾洗店
老闆，「應該是這把刷子的功勞吧！」
老闆說完順手拿出來的東西就是這個。
從此之後，以這把天然毛製成的衣刷
迅速地刷一刷外套，便成了我冬天回
到家時的習慣。

今天要遞交品牌產品目錄的設計。
昨天稍微喝多了一些，
早上起床時好痛苦呀……
裡面穿了雙層上衣再搭一件薄羽絨衣，
做好完善的禦寒工作！

duffel coat:Scye down jacket:HERNO
cutsew:MACPHEE skirt:MICHAEL KORS
shoes:GIVENCHY bag:GOLDEN GOOSE

早上 10 點便開始馬不停蹄地展開爲明年
即將出版的單行本穿搭進行拍攝工作。
寬鬆的男孩風長褲，
T恤外面再疊穿一件 THE NORTH FACE。
攝影棚裡非常熱，
一件薄的連帽外套便綽綽有餘了。

coat:STELLA McCARTNEY　parka:THE NORTH FACE
long sleeve t-shirt:GAP　pants:JOSEPH
shoes:CONVERSE　bag:J&M Davidson

和可以完全不必顧慮形象的工作夥伴們
一起來個清一色是女性的耶誕派對！
在編輯 S 好不容易預約到的餐廳裡，
放眼望去盡是成雙成對的客人（笑）。
開心地吃吃喝喝、大笑，超級棒的一夜。

coat:STELLA McCARTNEY　cutsew:SAINT JAMES
skirt:AMERICAN RAG CIE
shoes:GIUSEPPE ZANOTTI　bag:Anya Hindmarch

參加事務所的尾牙餐會。
今年大家都辛苦了！
在最近迷上的灰色穿搭中
混入極少許的金色。
手錶的錶面、耳環等等，利用一些小
東西的搭配來改變整體造型的印象。

coat:STELLA McCARTNEY cardigan:Ron Herman
tank top:JAMES PERSE skirt:L'AGENCE
shoes:GINZA KANEMATSU bag:J&M Davidson

想像米蘭的女士們應該會
以這樣的裝扮開車出門吧。
今天是年終的自我保養日，
走路去燙睫毛 & 做做按摩。
裸足穿上 UGG 的鞋子。

poncho:ESTNATION
knit:Drawer white denim:AG
shoes:UGG bag:eb.a.gos

回老家前先去買東西。
不管去到哪一家百貨公司都擠滿了人潮。
沒來由地突然很想來個在老家從沒穿過、
千金小姐風格的穿搭。
炭灰～駝色的高雅配色。

trench coat:green knit:VINCE
tank top:VINCE pants:sov.
shoes:CONVERSE bag:TOD'S

心裡想著：年輕學子們真的很懂得
如何穿搭長版的開襟外套呀、
一邊試著搭配而成的牛角扣大衣、
開襟外套與格紋裙。
大掃除之後出門做最後的採買。
啊～今年就快要結束了耶。

duffel coat:Scye cardigan:Ron Herman
v-neck t-shirt:GAP skirt:MICHAEL KORS
shoes:GIVENCHY tote bag:L.L.Bean

往富士山方向疾駛的傍晚
最後一班巴士上,只有我這個乘客。
窗外是一片銀色世界。
每次見到這面景色,
總能讓我的身心整個放鬆。
搭配的是 THE NORTH FACE 雪靴。

如同往常,
出門去幫忙新年團圓飯的準備工作。
開車去採買食材,做好了新年的團圓飯,
還要準備跨年要吃的麵呢。
媽媽,妹妹還有姪子姪女們同聚一堂。
如同往常的熱鬧除夕夜。

duffel coat:Scye　down jacket:HERNO
knit:Drawer　denim:SUPERFINE　shoes:THE NORTH FACE
bag:Anya Hindmarch　tote bag:L.L.Bean

down vest:DEUXIÈME CLASSE
knit:MACPHEE　denim:FRAME
shoes:CONVERSE　tote bag:L.L.Bean

january

1

01 THURSDAY

High & Low

02 FRIDAY

03 SATURDAY

04 SUNDAY

Yamanaka

05 MONDAY

06 TUESDAY

07 WEDNESDAY

08 THURSDAY

19:00
GINZA L'OSIER

09 FRIDAY

20:00
新年会 azzurro

10 SATURDAY

11 SUNDAY

12 MONDAY

KK(P) 1¼

18:30〜取材 おなぴん

13 TUESDAY

Diorの
ボールピアス

14 WEDNESDAY

品切りプリンス15:00〜

15 THURSDAY

16 FRIDAY

17 SATURDAY

三原 caffe ⊛ 取材
みかぴぃん

18 SUNDAY
ちっちゃ〜い
スニシャル

19 MONDAY
11：00 KTC ぇぅてぅラ
⑫ アドろ。

20 TUESDAY

21 WEDNESDAY

22 THURSDAY

23 FRIDAY
⑫) KK ⊛.

24 SATURDAY
グランドバケット 13：00
スオレンチォート

25 SUNDAY

26 MONDAY

27 TUESDAY 11：30 ビュチスレ
13：00 ヌックモック FR KTC⑫ カス
15：30 FUN 16：30 フォ
17：30 Ron

28 WEDNESDAY
13：00 S DL
15：00 トゥモター
17：00 取材 ○

29 THURSDAY
最近 また
ターフゥイズが
気になる

30 FRIDAY

31 SATURDAY

新年到，迎接新年早晨，
我家元旦一大早就熱鬧滾滾。
拿出新年團圓飯的菜餚大家分著吃，
然後做家事。並非為了工作而忙得團團轉，
這種感覺簡直就像是天上掉下來的禮物呀。
以這身活動方便又有我的風格、
十分平常的穿扮邁向新的一年。

down vest:DEUXIÈME CLASSE
cutsew:SAINT JAMES denim:FRAME
shoes:CONVERSE tote bag:L.L.Bean

新年第一天，我們總是去富士山下的神社拜拜，
祈求一整年平安順遂，心情也變得稍微嚴肅了。
不論是平常的一天或是令人雀躍的特別日子，希望自己依舊是不變的「我」。

duffel coat:Scye
down jacket:HERNO denim:SUPERFINE
shoes:THE NORTH FACE

戴上毛線帽，散步到附近的溫泉。
仰望敞開於林木間的天空，寒氣凜人，
但這面令人心靈一洗而淨的景色，
總讓我樂此不疲。
戴上二條鑲鑽手鍊。

一轉眼，
今天是我回東京的日子。
電車車窗外高樓大廈逐漸增加，
天空也變得灰濛濛一片。
我的情緒開關也需要再次切換了。

down vest:DEUXIÈME CLASSE
knit:MACPHEE　denim:FRAME
shoes:THE NORTH FACE　tote bag:L.L.Bean

duffel coat:Scye　down jacket:HERNO　knit:MACPHEE
denim:SUPERFINE　shoes:THE NORTH FACE
bag:Anya Hindmarch　tote bag:L.L.Bean

洗衣、打掃，
點燃最喜歡的芳香精油，
午餐就去附近的咖啡館解決吧。
借助粉紅色的力量來改變心緒。

慣用的海軍藍穿搭。
捨棄隱形眼鏡、戴上鏡框眼鏡，
目前的我還沒完全進入工作模式啊。
到事務所露個臉，
向工作人員們道聲新年好，
順便查看一下賀年卡。

down jacket:DUVETICA knit:SO NICE
tank top:JAMES PERSE denim:ZARA
shoes:SARTORE tote bag:L.L.Bean

down jacket:DUVETICA knit:SAINT JAMES
shirt:Gitman Brothers denim:FRAME
shoes:CONVERSE tote bag:L.L.Bean

一早氣溫就相當低。
可是我今天不想穿靴子，
改以褲襪及襪子做多層次搭配。
看起來很像外國模特兒的穿著耶，
適合我嗎？好看嗎？實用嗎？
不過倒是挺有趣的！

coat:STELLA McCARTNEY　down jacket:HERNO
cutsew:SAINT JAMES　skirt:A.P.C.
shoes:Repetto　tote bag:L.L.Bean

今年的第一次新年聚會是在
銀座的 L'Osier。
與高級長官一起的正式餐會。
戴上平時鮮少配戴的首飾，
心情既緊張又興奮。
如此特別的時間與空間，超棒！

fur coat:Drawer　one-piece:YOKO CHAN
shoes:GIUSEPPE ZANOTTI
bag:Anya Hindmarch　bag:Anya Hindmarch

開始工作，把一些預約搞定了。
晚上要參加事務所的新年聚會。
不能穿著全身黑的連身洋裝出門，
於是稍微調整，換上較輕鬆簡潔的穿搭。
沒辦法回家換衣服的時候，
就利用針織衫與裙子增添華麗感吧。

coat:Ron Herman　knit:VINCE
skirt:DEUXIÈME CLASSE
shoes:Repetto　bag:Anya Hindmarch

搭上對方派來接我的車，今天要去
郊區的餐廳參加私人的新年派對。
黑色針織衫底下隱約透出裙襬的穿
搭造型。
彷彿夕陽般、帶點復古氣味的紅。
是我喜歡的紅色。

coat:Ron Herman　knit:VINCE
skirt:A.P.C.　shoes:SAINT LAURENT
bag:Anya Hindmarch

冬季穿搭時不可或缺的
絕妙三雙

我非常喜歡冬天裡穿裙裝或短褲時絕不能少的褲
襪。首先要介紹的是高級褲襪的代名詞：Pierre
Mantoux。最左邊的是丹尼數 50 的黑色，從膝蓋
到小腿處有線條設計，帶著些微的透明度。正中間
的是幾乎不透明的丹尼數 70 灰色棉質褲襪。右邊
的是 LANVIN 授權的日本製褲襪。薄而帶細條紋的
設計有點校園風味道。每年我都會重複添購使用。

對於連續三天參加新年聚會的人來說，
隔天早晨要起床真是件痛苦的事啊……
穿上平時的海軍藍羽絨衣、丹寧襯衫、白
色長褲，再搭配一頂能夠提振精神的
BORSALINO，手腕疊套幾只手環。
今日一整天都要周旋於各個宜傳室。

down jacket:DUVETICA
shirt:REMI RELIEF/L'Appartment
white denim:AG shoes:NEW BALANCE tote bag:L.L.Bean

昨日穿搭的變化版。
羽絨外套、圓領針織衫、球鞋的多層次搭配，
下半身是刷白丹寧褲。
將 DUVETICA 羽絨外套的拉鍊
往上拉高到下巴處、再戴上高高的帽子，
就更有紳士氣味了。

down jacket:DUVETICA knit:MACPHEE
denim:ZARA shoes:CONVERSE
bag:PotioRxmartinique

使黑色更顯色的復古紅。
今天的穿搭重點放在上半身。
懷舊氣氛濃厚的紅色針織衫
及圍巾一起登場，
再添上一件古典味的大衣。
今天要接受寫手O的採訪。

coat:Ron Herman
knit:BLUEBIRD BOULEVARD for Ron Herman
skirt:theory shoes:Repetto bag:Anya Hindmarch

15:00，在品川王子飯店。
今天依然要接受採訪，接著去吃飯。
披上昨天的同一件無色彩大衣，
格紋裙的古典氣息似乎更濃厚了。
特別款式的包包，
搭配起來一點兒也不唐突呢。

coat:Ron Herman knit:VINCE
skirt:MICHAEL KORS
shoes:Repetto bag:CHANEL

最近出場率頗高的大衣，
配上白色之後完全是截然不同的效果。
法式風情的黑與白。
珍珠項鍊與休閒錶都戴上。
低調的雅緻，從容自若。

coat:Ron Herman knit:MACPHEE
white denim:AG
shoes:UGG bag:Anya Hindmarch

垂墜感俏皮可愛的絲綢
及膝裙搭配黑色針織衫，
一身黑色卻完全不帶壓迫感。
做最後壓軸的理所當然
是我最喜歡的無色彩毛料大衣。
只在腳上以豹紋略微點綴。

coat:Ron Herman knit:VINCE
skirt:ADORE
shoes:PIERRE HARDY bag:TOD'S

有點穿膩了大衣，
今天要來玩玩多層次搭配。
畢竟是星期六，不想考慮太多，
一身休閒裝扮就對了。
YANUK 的丹寧夾克配上羽絨背心。
成熟大人的街頭時尚。

down vest:DEUXIÈME CLASSE denim jacket:YANUK
turtleneck knit:JOHN SMEDLEY skirt:DEUXIÈME CLASSE
shoes:Repetto tote bag:L.L.Bean

在事務所進行春天要出版的單行本
穿搭照片拍攝工作。
BORSALINO 流露著遊戲人間的氛圍。
毛色亮麗的長褲搭配的
卻是 CONVERSE 球鞋。
高貴與平民的完美結合。

shirt:Domingo t-shirt:JAMES PERSE
pants:BLANC basque
shoes:CONVERSE bag:TOD'S

與 K 討論五月號 M 雜誌的企劃與內容。
我最喜歡以當天要見面對象的形象
作爲穿搭的靈感。
灰色針織衫底下疊穿著
一件薄的針織上衣。
主題是穩重大人風與高質感。

將前一天的灰色造型穿出不同的效果。
一直以來，爲了呈現休閒氣味
與紳士風情而搭配的 BORSALINO，
搭配裙裝效果會是如何呢？
這是我站在玄關時天外飛來的靈感。

coat:STELLA McCARTNEY knit:STUNNING LURE
cutsew:STUNNING LURE white denim:AG
shoes:CONVERSE bag:GOLDEN GOOSE

coat:STELLA McCARTNEY knit:VINCE
skirt:MICHAEL KORS
shoes:GINZA KANEMATSU bag:TOD'S

在手感超可愛的垂墜式高領粗針織衫裡
搭配一件條紋上衣。
總給人甜美印象的海軍藍鬱金香裙，
沒想到搭配起來卻顯得相當成熟穩重。

入秋之後一直出現這種有我個人風格的
上下全是丹寧的穿搭造型。
露在毛線帽外的印第安風格耳環
隨著步伐搖曳感覺滿好的。
將奢華的毛皮穿出休閒感。

knit vest:martinique　cutsew:SAINT JAMES
skirt:Drawer
shoes:NEW BALANCE　bag:PotioRxmartinique

fur coat:Drawer　shirt:Domingo
denim:AG　shoes:SARTORE
bag:PotioRxmartinique

以適合我的方式來呈現
毛皮單品的穿搭第二套。
搭配 Ron Herman 抽繩褲，
今天要呈現的是運動風。
屬於我個人的進化版珍柏金造型。
Tiffany 手環的點睛效果非常棒。

1/21 日的海軍藍裙，
搭配的條紋上衣只把前方下擺
塞入裙內。
耳朵上的 Christian Dior 圓珠耳環
瞬間增添了巴黎女性獨有的女人風情。
利用毛皮呈現的可愛女人。

fur coat:Drawer knit:Drawer
pants:Ron Herman
shoes:NEW BALANCE tote bag:L.L.Bean

fur coat:Drawer cutsew:SAINT JAMES
skirt:Drawer shoes:GIVENCHY
bag:Anya Hindmarch

結合黃色與豹紋、稍稍有點安娜溫圖
風格的保守派穿搭。
自信滿滿的硬是將甜美風穿搭出辛辣
俐落感。唯有深刻瞭解摩登的終極涵
義的人，才有辦法連保守派風格也能
營造出時尚氛圍呀（笑）。

脫掉外套後即變身為
深具我個人簡潔風格的一套穿搭。
以毛皮、手環、奢華的灰褐色包包等等
增添優雅感，
休閒風穿搭立即升級為時髦潮人。

trench coat:green knit:Drawer
shirt:Shinzone shoes:PIERRE HARDY
bag:J&M Davidson

fur coat:Drawer cutsew:SAINT JAMES
denim:ZARA
shoes:CONVERSE bag:TOD'S

其貌不揚的外表下
藏著滿滿的卡士達醬
KUDOH 的泡芙

在青山通旁整排古色古香的商店群中
獨樹一格的西式點心店 KUDOH。當我
正在前往商借道具的途中看見了這家
店時，立刻跳下外景車衝進店裡去抓
了幾袋，真是太誘人啦（笑）這些泡
芙。恰到好處的大小，内餡塞得十分
紮實。外皮的口感既不會太硬也不會
軟趴趴，有種小時候夢想中「原來這
就是泡芙啊」的感覺。最喜歡這種簡
簡單單卻做得十分用心的甜點了。

將前天的穿搭只換了不同的包包，
並改搭針織衫。
這麼一來就從安娜溫圖變成了
凱瑟琳丹妮芙。
強烈的配色除了深具女星的形象，
同時也顯露出成熟大人的氣息。

trench coat:green fur vest:Ballsey/TOMORROWLAND
knit:VINCE skirt:Shinzone
shoes:PIERRE HARDY bag:TOD'S

1／28

1／29

從早就忙著四處商借道具。
東京好久不曾這樣下著大風雪了，
幸好今天都待在外景車上。
以溫～暖的喀什米爾斗蓬
與雪靴全副武裝。
下午要進行單行本的採訪工作。

poncho:ESTNATION shirt:REMI RELIEF/L`Appartment
cutsew:SAINT JAMES white denim:AG
shoes:THE NORTH FACE tote bag:L.L.Bean

從昨天持續到現在的大雪天。
同樣還要繼續的單行本採訪工作。
羽絨背心的拉鍊已經拉到頂，
嘴裡吐出來的氣都是冰的，真的好冷呀。
總是很自然地融入街道顏色的海軍藍，
在全白的雪海中顯得特別醒目。

down jacket:DUVETICA knit:SAINT JAMES
shirt:Gitman Brothers denim:FRAME
shoes:THE NORTH FACE tote bag:L.L.Bean

針織衫與裙子以黑色一氣呵成，
簡單又好看。
遇到有點累卻不得不參加重要會議時，
這種極方便的搭配就是我的救星。
結束幾個宣傳會議後
繼續與 F 和 K 商討工作內容。

trench coat:green fur vest:Ballsey/TOMORROWLAND
knit:VINCE skirt:theory shoes:SAINT LAURENT
bag:Anya Hindmarch bag:Anya Hindmarch

終於到了星期六。好久不曾休假了。
STELLA McCARTNEY 的西裝大衣
搭配 HERNO 羽絨衣，
以這身多層次穿搭赴約與女性友人吃飯。
最後順便跑去還在年終特賣的
百貨公司瞧一瞧。

coat:STELLA McCARTNEY down jacket:HERNO
cutsew:SAINT JAMES skirt:AMERICAN RAG CIE
shoes:MANOLO BLAHNIK bag:GOLDEN GOOSE

february

2 *Wool, Fur, Down*

01 SUNDAY

02 MONDAY

03 TUESDAY

04 WEDNESDAY

05 THURSDAY

06 FRIDAY

07 SATURDAY
Ⓟ 準備
　　　　T.F.C. 13:30？
15:00 ミキモト ピック

08 SUNDAY

09 MONDAY
バーキンみたいに
　　着たいな。

10 TUESDAY
Ⓟ mari 5月号

11 WEDNESDAY
Ⓟ

取材 OK mari

12 THURSDAY

13 FRIDAY　12:00 ビイン
15:00 BODY.
18:00 カラー

14 SATURDAY

15 SUNDAY
モミⓅ

24 TUESDAY

ザ・カフシ

milano

17 TUESDAY
10:30 FIS…E San
スイトプ carlo
15:00 GUCCI
スナップ

18 WEDNESDAY 9:30 Sport Max
11:00 FENDI
13:00 Just 庸
PRADA   ANTEPRIMA
cena

19 THURSDAY スナップ
9:30 BOTTEGA。
14:00 JiL スナップ
庸

20 FRIDAY
MARNI
Dolce
Ferragamo

21 SATURDAY

22 SUNDAY
ARMANI

23 MONDAY

25 WEDNESDAY
13:00
集合

26 THURSDAY

27 FRIDAY

28 SATURDAY

平日的穿著搭配毛皮背心。
即便是多天,還是有辦法技巧性的
以多層次搭配的方式穿搭風衣。
中高筒 CONVERSE 球鞋加上毛線帽。
一臉若無其事的模樣穿上毛皮背心,
真是帥氣呀。

trench coat:green fur vest:Ballsey/TOMORROWLAND
knit:VINCE white denim:AG
shoes:CONVERSE bag:Anya Hindmarch

為了整體的線條表現，優先選擇了這件緊身的海軍藍蕾絲裙。
再搭配羽絨外套增加分量感，營造濃濃的男孩風。
這樣一來，羽絨外套變得有點可愛，裙子也微微透出了運動風氣味，眞是神奇。

down jacket:DUVETICA knit:MACPHEE
skirt:Shinzone shoes:NEW BALANCE
bag:MM⑥ Maison Martin Margiela

2／03　　　2／04

為了 M 雜誌的拍攝工作
四處商借物品。
之後與攝影師 N、J
一起討論拍攝的方向。
想穿的比平常稍微正式一些，
於是加入了蕾絲裙。

繼續往品牌的宣傳展示室跑，
思考要拍攝的商品。
外頭天寒地凍，
而且今日一整天都得靠雙腿奔波。
罩上溫暖的喀什米爾斗篷，
底下再套上長靴，做好萬全準備。

duffel coat:Scye down jacket:HERNO
knit:VINCE skirt:AMERICAN RAG CIE
shoes:SAINT LAURENT bag:GOLDEN GOOSE

poncho:ESTNATION shirt:REMI RELIEF/L'Appartment
cutsew:SAINT JAMES white denim:AG
shoes:GINZA KANEMATSU tote bag:L.L.Bean

全身海軍藍、只搭配些許的灰色，
再添上褲襪及球鞋。
一件 DUVETICA 的拉鍊羽絨外套
就能完美展現我想要的男孩風情，
太讓人喜歡了。

雜誌稿要使用的租借品、
單行本的採訪工作、穿搭設計……
一整天繼續忙得不可開交。
今天的造型是昨日的變化版。
海軍藍及少量的灰色，換上鉛筆裙，
整體氣氛馬上變得不一樣了。

down jacket:DUVETICA cutsew:SAINT JAMES
skirt:Drawer shoes:NEW BALANCE
bag:PotioRxmartinique tote bag:L.L.Bean

down jacket:DUVETICA knit:MACPHEE
skirt:Shinzone shoes:NEW BALANCE
bag:PotioRxmartinique tote bag:L.L.Bean

2／07　　2／08

上下皆是丹寧單品、利用土耳其石
耳環做點睛效果，整體造型延續著
入秋以來的穿搭風格。
最後再覆上羽絨外套。
質料厚實的正統派 AG 丹寧褲
讓整體氣氛更加貼近美式風情。

down jacket:DUVETICA
shirt:Domingo　denim:AG
shoes:CONVERSE　tote bag:L.L.Bean

一早起床真是超・級・冷。
即便是星期日，還是得去 S 社進
行拍攝的準備工作。
為了避免在攝影棚或前往採訪的
店家時雙腳冷得發抖，我總是會
套上襪套，做好完善的預防措施。

down jacket:DUVETICA　knit:SAINT JAMES
shirt:Gitman Brothers　pants:ZARA
shoes:UGG　bag:Anya Hindmarch

夏天時也曾拿來穿搭的 FRED
PERRY 長版襯衫。特意疊穿較短版
的灰色針織衫來轉換氣氛。
從羽絨外套的下襬隱約可見的水藍
色。脫掉外套更能夠明顯看見襯衫，
是不是很可愛！

down jacket:DUVETICA knit:STUNNING LURE
shirts:FRED PERRY white denim:AG
shoes:DIEGO BELLINI bag:PotioR

在攝影棚為雜誌特輯進行拍攝作業。
一早就要開始忙碌的日子，
還是我的王道穿搭最能幫上大忙。
跑來跑去一下子就覺得熱，
因此裡面只疊穿一件 T 恤，
做簡單的多層次穿搭。

down jacket:DUVETICA cardigan:H&M
long sleeve t-shirt:H&M denim:AG
shoes:BUTTERO tote bag:L.L.Bean

昨日一整天都埋首於拍攝模特兒及商
品,真是累翻了!
今天要轉換一下情緒,去採訪 lounge。
雜誌企劃案進行中時我會節制自己的時
尚欲望,等到案子一結束,我就會反撲
似地瞬間回復正常的時尚模式。

H 雜誌討論工作內容。
之後要和交情好的編輯一起吃飯。
因為是間還不錯的餐廳,
利用清一色的黑做多層次穿搭。
善用質感的差異來營造層次感。
盡情品味黑色的奧妙意境。

fur coat:Drawer　knit :Drawer
denim:SUPERFINE　shoes:GIVENCHY
bag:Anya Hindmarch

coat:Ron Herman　knit:VINCE
skirt:ADORE　shoes:GIUSEPPE ZANOTTI
bag:Anya Hindmarch

令人魂牽夢縈的名品
全世界第一只鍊條包

說到最能夠代表女性的形象，應該有不少人腦海中最先浮
現的是 Coco Channel 吧。在氣質與優雅兼具的一般性定
義的女性美當中加入了動態運動風這種現代感性元素的，
正是 Coco。2.55 是最能完美展現 Coco 感性的包。將傳
統的手提包換上了鍊條，讓人不必一直手拎著包包，而口
紅盒的設計概念，翻開前蓋就能馬上取出物品。感覺好有
女人味又帶點淘氣，卻又充滿了功能性！

2／13　　　2／14

PRADA 針織衫與細條紋長褲的組合。
以這套穿搭向米蘭致敬（笑）。
為了下個禮拜的出差，
從睫毛到指甲都得好好保養一番才行。

---

trench coat:green fur vest:Ballsey/TOMORROWLAND
knit:PRADA pants:JOSEPH
shoes:CONVERSE bag:J&M Davidson

捧著單行本的原稿到處跑，
趁著去美髮沙龍的空檔一邊校閱，
也去買了出差要用到的東西。
黑色針織衫與梯形裙搭配黑色褲襪，
是感覺有點累的時候一定會做的輕鬆
裝扮。

---

trench coat:green fur vest:Ballsey/TOMORROWLAND
knit:VINCE skirt:theory shoes:UGG
bag:Anya Hindmarch tote bag:L.L.Bean

連上飛機都要帶著走
溫柔呵護肌膚的化妝水

從事化妝品宣傳的友人強力推薦，加
上使用起來十分方便，於是就這麼一
直愛用著的「myufull」化妝水＆不需
要清洗的保濕面膜。我的包包裡總會
放著一小瓶，不論是臉或頸部或手腳，
一想到就拿出來抹一下。以適合敏感
性肌膚的天然成分製造而成，肌膚吸
收時感覺也十分舒適。

中午之前進行 H 雜誌的拍攝工作，
明天就要出發米蘭採訪了，
今天與對方的宣傳部門取得聯繫，
還要打包行李。
今日的造型與 2/01 日大同小異，散發
優雅氣質的新鮮運動風，我非常喜歡。

trench coat:green fur vest:Ballsey/TOMORROWLAND
knit :VINCE white denim:AG shoes:CONVERSE
bag:Anya Hindmarch tote bag:L.L.Bean

2／16　　　2／17

SAINT JAMES 厚棉原布材質的
黑色條紋上衣，
以及非常適合搭飛機時穿的抽繩褲。
褲裝的部分我刻意挑選了偏女性化
且不具彈性的材質，
以免顯得過於休閒。

fur vest:Ballsey/TOMORROWLAND
cutsew:SAINT JAMES pants:Ron Herman
shoes:GIVENCHY bag:Anya Hindmarch

米蘭時裝秀採訪第一天。
雖然有點時差，
但心情依舊興奮無比！
與老搭檔攝影師 M 共進午餐
順便談談工作上的事。
下午時裝秀就要正式登場了。

coat:Ron Herman knit:Drawer
skirt:theory shoes:SAINT LAURENT
bag:Anya Hindmarch

這套穿搭純粹只因天外飛來的靈感。
零色彩，但以優雅的黑色為穿搭主調，
整體感相當不錯。
穿上平底但鞋型纖細又時髦的
SAINT LAURENT 鞋四處走走看看。

fur coat:Drawer
jump suit:ELFORBR
shoes:SAINT LAURENT bag:CHANEL

9:30，小雨。bottega veneta。
站在石板路入口處，
西裝筆挺的男性工作人員，
為我們打起了傘護駕隨行。
啜著熱咖啡等待時裝秀開場。
好棒的時間啊。

fur coat:Drawer
shirt:Frank&Eileen for Ron Herman
pants:Ron Herman shoes:GIVENCHY bag:CHANEL

九月採訪時就已經有了的
YOKO CHAN 襯衫下擺剪裁風格
黑色小洋裝。
後片剪裁略長於前片，
不會過於甜美的時髦氣味令我愛不釋手。
時裝秀一場接著一場，好慌亂。

fur coat:Drawer one-piece:YOKO CHAN
shoes:GIUSEPPE ZANOTTI
bag:CHANEL

變化版的全黑穿搭。
Drawer 的經典款長褲 × 蓬鬆柔軟的
簡潔黑色罩衫。
利用手環及鍊條包突顯古典氣味，
是相當適合時裝秀的裝扮。

fur coat:Drawer blouse:Drawer pants:Drawer
shoes:GIUSEPPE ZANOTTI
bag:CHANEL

男裝時裝秀到昨天告一段落。
今天主要是拜訪各個展示會。
穿上繫著蝴蝶結的外套緩和一下心情，
將黑色穿出俏皮感。
法式風情在米蘭。

轉眼間已經是最後一天了。
僅有一日的珍貴休假，
去複合式概念店逛一逛，買點伴手禮，
還去了三間超超超級喜歡的
咖啡館與輕食店。
深呼吸，竭盡全力將咖啡香氣一網打盡。

coat:Ron Herman　one-piece:YOKO CHAN
shoes:SAINT LAURENT
bag:Anya Hindmarch

coat:Ron Herman　knit:Drawer
white denim:AG　shoes:GIVENCHY
bag:Anya Hindmarch

前往機場之前，
再去一次旅館旁的咖啡館。
面對這片已經熟悉了的風景與氣味，
竟然冒出了些許鄉愁。
穿著與來時相同的長褲，
只有上衣換成了黑色。
再次確認自己每次來米蘭時，
魅力無限的黑色總是能夠榮登穿搭主角。

fur vest:Ballsey/TOMORROWLAND
knit:MACPHEE pants:Ron Herman
shoes:GIVENCHY bag:Anya Hindmarch

Map 02 : Favorite Cappuccino in Milano

停留米蘭時一定前來報到
最喜歡的輕食店與咖啡館

01:Gran Pasticceria BIFFI

大家聚集在吧台前一杯接著一杯
閒話家常，開心極了！

輕食老店。一早吧台旁就擠滿了人，大家都
趁著上班前來喝杯咖啡聊聊天。傍晚搖身一
變成小酒館，吧台上擺滿了大盤子裝的水果
或三明治，付一杯飲料的錢就能挑喜歡的吃，
十分的米蘭式交易。

03:Pasticceria CUCCHI

因為採訪錯過午餐時間時
一定會來這裡吃義式三明治

這家店在《穿春夏》中也曾經介紹過。這裡
剛出爐的麵包真是人間美味，走過店門口就
能聞到誘人的麵包香氣。最近改裝之後變得
更漂亮了，但我個人倒是覺得有點可惜。保
留原本微微的復古風情不是更好嗎。

Via Carducci

● 01:BIFFI

● 02:SAN CARLO

02:Pasticceria SAN CARLO

下榻旅館附近的咖啡館
內部裝潢也超可愛

這裡的卡布奇諾真是太好喝了。談論公事時也會
來這裡，是絕不可錯過的一間咖啡館。連服務生
大叔都認得我了，每次去的時候他都會對我說：
妳回來啦。不少打扮時髦的貴婦們會來這裡喝
茶，欣賞這樣的風景也是挺愉快的一件事。

*Via Edmondo
de Amics*

● 03:CUCCHI

*Piazza
XXIV Maggio*

04:DE' CHERUBINI

走到腿酸還是非吃不可
令人難忘的可頌麵包

● 04:DE' CHERUBINI

這裡稍微有點遠，沒辦法經常光顧，但這家卡布
奇諾的奶泡綿密細緻，與可頌麵包真是天生一對
呀。散發淡淡甜味的可頌麵包，是日本吃不到的
極品。

回國之後先回家一下，
然後就得直接去 S 社，
為即將在春天發行的單行本做色彩校稿。
從米蘭一面倒的黑色穿搭做全面切換，
套上好久不見的丹寧褲。

時裝秀落幕，感覺冬天也即將結束了。
……雖然氣溫還很冷。
白色丹寧褲搭配雕花鞋
雖然十足的米蘭風，
但我實在不想穿得一身寒冬模樣啊。
裡面搭配的是絲綿材質的針織上衣。

trench coat:green knit:MACPHEE
denim:FRAME shoes:Repetto
bag:Anya Hindmarch

trench coat:green knit:JIL SANDER
cutsew:H&M denim:AG
shoes:SEBOY'S bag:Anya Hindmarch

2／27　　2／28

把衣服送洗之前，
先將當季的衣物收納起來。
我想這應該是最後一套穿搭了吧。
白色 T 恤，單鑽飾品及毛皮，
以我最愛的「日常毛皮裝」組合
爲多季畫上句號！

fur coat:Drawer
t-shirt:PETIT BATEAU　denim:ZARA
shoes:CONVERSE　bag:J&M Davidson

七分褲搭配芭蕾平底鞋，
非常的巴黎女生。
領開襟外套底下隱約透出背心
是相當具我個人風格的搭配方式。
丹寧褲與散發甜美氣息的雙腳，
這樣的組合眞是可愛。

trench coat:green　cardigan:JOHN SMEDLEY
tank top:JAMES PERSE　denim:JOE'S JEANS
shoes:Repetto　bag:Anya Hindmarch

march

3

Stole & Trench

01 SUNDAY

02 MONDAY

03 TUESDAY
10年来パートナー

04 WEDNESDAY

05 THURSDAY

06 FRIDAY
(HV)クレジット チェック →
14:00 取材 → 集英社

07 SATURDAY

08 SUNDAY
15:00〜 名古屋イベント打ち合せ

09 MONDAY

10 TUESDAY
14:00〜 表参道 レジュ
16:00〜 SPC

11 WEDNESDAY

12 THURSDAY

13 FRIDAY
H 流(P)
FEN (ルクセンブ)
FUN (VONDEL)
14:30 カネオリ

14 SATURDAY

15 SUNDAY
☆ヒトくる

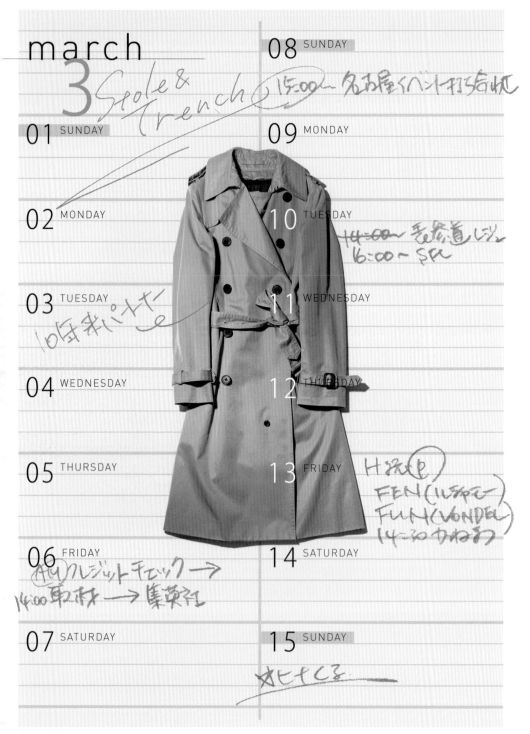

16 MONDAY

まいたり
（あ）けしたり
しながら

17 TUESDAY
Ⓟ web
19:00 Ⓙ E氏 七草

18 WEDNESDAY 11:00 Ⓜ
14:00〜 カタログ CD
19:00〜 beatiful
ベルサール渋谷

19 THURSDAY

20 FRIDAY
カタログ Ⓟ
20:00 FE でザシ出し

21 SATURDAY
OK 3本 チラシのみ
→ 19:00

22 SUNDAY
Birthday

23 MONDAY

24 TUESDAY

25 WEDNESDAY

26 THURSDAY

27 FRIDAY

28 SATURDAY

29 SUNDAY

30 MONDAY

31 TUESDAY

從米蘭回來之後也逛了東京的店家，各式各樣的刺激及想要換上嶄新的早春面貌、渴望變得更輕盈的念頭不斷催促著我。造型師的季節感。

對於運動風單品，這一季需要的是添加優雅感而非甜美氣味。感覺不斷重複、實質上卻不盡相同的，進化的三月。

trainer:martinique
skirt:Shinzone shoes:NEW BALANCE
bag:PotioRxmartinique tote bag:L.L.Bean

為了營造春天的氛圍，挑選了白色喀什米爾針織衫。
搭配熟悉的丹寧褲，即便是一身上下全白，一樣能穿得自然、穿出我自己的格調。
想要稍微跳脫往常的色調，於是試著把披巾換成了裸色。

knit:Drawer
white denim:AG

這件是如今已經不存在的品牌
「green」的風衣。
已經陪伴我十年以上的老戰友，
今春因為流行趨勢的復甦，
得以再次重現江湖。
潔白的全白針織衫保留著時代的鮮度。

trench coat:green
knit :VONDEL denim:JOE'S JEANS
shoes:Repetto bag:Anya Hindmarch

縝織合度地服貼身體曲線的
JAMES PERSE 針織布連身洋裝。
雖然是運動風的材質，
剪裁卻十分女性化，
看起來就像是一件長版的運動服。
合身的領口處閃耀著纖細的項鍊。

trench coat:green
jersey dress:JAMES PERSE
shoes:GIVENCHY bag:PotioR

回歸到我的運動風發想的原點。
連帽外套搭配風衣。
冬季尾聲或季節交替之際,我就會習慣
性的回復這身我最喜歡的穿搭。
只加上一條珍珠項鍊增添些許甜美感。

與 3/03 日的穿搭換了不同的長褲。
正面是毛料,後面是麂皮。
不同材質的結合自然散發著
獨特的時尚氣味。
在事務所進行信用審查,
傍晚轉往 S 公司。

trench coat:green parka:Mujirushiryohin
t-shirt:three dots pants:DOUBLE STANDARD CLOTHING
shoes:CONVERSE bag:ANTEPRIMA

trench coat:green
knit:VONDEL pants:NINE
shoes:GIVENCHY bag:PotioR

久違了的休假日。
只有條紋上衣與白色丹寧褲
還是覺得冷，
於是加上一件毛皮背心。
混入了灰褐色，
白色立即飄出保守派的氣味了。

fur vest:Ballsey/TOMORROWLAND
cutsew:SAINT JAMES　white denim:AG
shoes:GIVENCHY　bag:TOD'S　tote bag:L.L.Bean

早上起床後一鼓作氣把家事做完，
15:00 開活動會議，
要討論四月在名古屋的演講
及穿搭課程講座。
走在路上冬風依舊，
一件羽絨背心剛剛好。

down vest:Deuxième Classe
cutsew:SAINT JAMES　shirt:Bagutta
skirt:fredy　shoes:CONVERSE　tote bag:L.L.Bean

3／09　　　　3／10

前天是胚布 × 黑色，昨天是 × 靛藍色，
今天則是深深淺淺的海軍藍。
又到了 SAINT JAMES 傾巢而出的時節（笑）。
丹寧褲選擇的是合身的深色未經刷洗的款式。
進化版的清一色海軍藍。
Margiela 的桃紅線條吸睛效果實在太完美了！

knit:SAINT JAMES
denim:FRAME shoes:SARTORE
bag:MM⑥ Maison Martin Margiela

春季版的兩件外套多層次穿搭。
連帽外套的兩個帽子感覺
分量有點重，
但從後面看起來其實超可愛。
之前也曾經出現於雜誌企劃案當中，
是我的基本穿搭之一。

mountain parka:THE NORTH FACE parka:Mujirushiryohin
t-shirt:ZARA denim:JOE'S JEANS
shoes:Pretty Ballerinas bag:ANTEPRIMA

3／11　　　3／12

在古意盎然、完全不像是位於表參道上的喫
茶店與編輯 S 碰面。
祖母綠 × 駝色。以丹寧褲襯托復古氣息是
我個人一直以來的習慣風格，不過這次選擇
搭配的輕巧迷你珍珠項鍊及淺藍色窄管丹寧
褲，整體氛圍倒是顯得頗具「現代感」。

粗棉布襯衫的寬鬆感
及抽繩褲的慵懶氣息。
這個組合也是一種進化版，
將丹寧 × 丹寧的西部牛仔風格
稍微做了一點調整。
輕鬆愉快，舒適宜人。

cardigan:ASPESI tank top:JAMES PERSE
denim:ZARA shoes:L'Artigiano di Brera
bag:PotioRxmartinique

shirt:REMI RELIEF/L'Appartment
pants:Ron Herman shoes:NEW BALANCE
bag:eb.a.gos

剪裁 & 經典細節都有不俗表現
屬於大人的運動罩衫

連袖設計、止汗縫線、袖口的大小⋯⋯所有關於運動
罩衫的細節全員到齊,這種經典不敗的感覺真好。柔
軟細膩的質感彷彿穿上的是針織衫,版型則是恰到好
處不至於太窄的修身剪裁。這款 martinique 的原創設
計,試穿的瞬間就愛上了,是會讓人大喊:「太讚
了〜」的一款單品。真想蒐集每個顏色呀。

將黑白米混色的披巾隨興圈在頸上。
最喜歡像戴首飾一般地在圓領上衣
捲上一條披巾了。
利用黑色丹寧褲完成、
氣質高雅的復古風情休閒穿搭。
像英倫風？還是法國風呢？

knit:Ropé mademoiselle
denim:FRAME
shoes:TOD'S bag:TOD'S

披巾 × 針織衫 × 丹寧褲，
比昨天的穿搭更顯時尚的變化版。
鑽石項鍊，
OMEGA 的男錶，
外加一只摩登氣息濃厚的手拿包。

knit:MACPHEE
denim:ZARA shoes:CONVERSE
bag:MM⑥ Maison Martin Margiela

電影《安妮霍爾》中，
黛安基頓穿著男裝的感覺……
戴上太陽眼鏡，
披巾將肩膀整個裹住。
芭蕾平底鞋又爲整體造型
增添了可愛的氣息。

knit:Ropé mademoiselle
pants:Drawer shoes:Repetto
bag:eb.a.gos

最喜歡紅白藍三色旗了。
海軍藍粗針織衫及原色丹寧緊身褲
緊貼身體曲線，
披巾的分量感要避免過重。
只要稍微注意一下均衡感，
整體穿搭顯得新鮮感十足。

knit:Whim Gazette
denim:FRAME shoes:Repetto
bag:PotioRxmartinique tote bag:L.L.Bean

3／17　　　3／18

傍晚結束了官網要使用的照片拍攝工作，
晚上與友人共進晚餐
穿上輕鬆卻不顯得隨便的長褲，
再裹上一條輕薄又深具分量感的
HERMES 披巾出門去。

就是很想嘗試看看清一色灰的穿搭。
稍微點綴了些許銀色，
再纏上我最喜歡的披巾。
滿有精神的嘛？
看起來休閒卻又散發著優雅感。
去看 beautiful people 的時裝秀。

cutsew:SAINT JAMES
pants:NINE shoes:CONVERSE
bag:PotioRxmartinique tote bag:L.L.Bean

trainer:martinique
white denim:AG shoes:SARTORE
bag:TOD'S tote bag:L.L.Bean

住家大樓門口有櫻花樹。
望著枝頭上粉嫩的花苞,
心想:哎呀,春天真的就快到來了耶。
白色針織衫加上針織布緊身裙,
煥然一新的優雅。

為某品牌產品目錄的拍攝工作
擔任視覺指導。
結束之後要向 F 遞交設計提案。
在最近超喜歡的條紋裡
增添一點灰褐色,
感覺像個成熟大人,滿好的。

knit:VONDEL
skirt:Deuxième Classe
shoes:Repetto bag:Anya Hindmarch

cutsew:SAINT JAMES
denim:ZARA shoes:CONVERSE
bag:TOD'S

3 ／ 21   3 ／ 22

六〇年代風情的連身迷你洋裝。
類似男士西裝的格倫格格紋。
經常看到男性上班族們不加穿大衣、就
只是捲上一條圍巾，這種穿法我超喜歡！
所以也試著仿效一下。
今天要去對活動的腳本。

one-piece:Whim Gazette
shoes:SAINT LAURENT
bag:TOD'S

今天的穿搭是在西部牛仔風格中
添加了白色蕾絲裙。
終於到了不必再穿褲襪的季節。
帶著一條 JOHNSTONS 披巾，
進入店裡還能鋪放在腿上。
今年度的生日終於來臨～。

shirt:Domingo
skirt:AMERICAN RAG CIE
shoes:TOD'S bag:J&M Davidson

每一顆珍珠都是
精挑細選
J Pearl 的珍珠項鍊

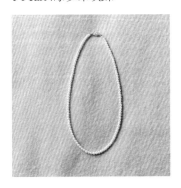

我一直很喜歡珍珠,穿上 T 恤或外套時若想呈現高雅氣質,我總是選擇配戴珍珠。能夠延續這樣的氛圍、搭配起來又顯得輕巧的,便是以小粒珍珠串成的項鍊。要為圓領上衣的領口增加精彩度時,我最愛的 43 公分項鍊能提供最完美的奢華感,搭配起來的感覺與纖細的純金項鍊十分相似。

「偶爾也去一下能振奮人心的地方採訪吧!」
因為編輯的提議,於是前往麗池飯店的酒吧。
地點畢竟是高級飯店,
於是穿上平日習慣的穿扮,
腳上再搭配 Christian Louboutin 裸色包鞋。
偶爾驚鴻一瞥的紅色鞋底十分吸睛。

trainer:martinique white denim:AG
shoes:Christian Louboutin
bag:ANTEPRIMA tote bag:L.L.Bean

以昨天的開會結論爲基礎，
一邊考量著夏季企劃案
要使用的單品，
向品牌宣傳部提出了預約。
輕盈的黑與白，
散發著春天的氣息。

以昨天的開會結論爲基礎，

knit:VONDEL
skirt:Deuxième Classe
shoes:GIVENCHY bag:PotioR

將開襟外套的鈕扣全部扣上，
當成圓領上衣來搭配。
混入絲質材料的 JOHN SMEDLEY。
把 HERMES 絲巾當裝飾品
繫在藤編手提包上，
整體造型顯得成熟味十足。

cardigan:JOHN SMEDLEY
denim:ZARA shoes:CONVERSE
bag:eb.a.gos

今日整天都安排預先看商借品。
最近這一陣子,
手拿包爲我的穿搭幫了許多大忙。
帥氣的拎著包包,
感覺得到自己的常用穿搭
散發出前所未有的新魅力!

雖然是清一色的白,
多虧了色澤溫潤的針織上衣,
整體氣氛除了運動風,
更別有一種純淨無瑕感,
於是搭配了珍珠耳環來呼應這股氣息。

cutsew:SAINT JAMES
denim:ZARA shoes:CONVERSE
bag:MM⑥ Maison Martin Margiela

knit:ROPÉ white denim:AG
shoes:CONVERSE
tote bag:L.L.Bean

試著以服裝來表現初綻櫻花的粉嫩感。
帶著微微甜香的穿搭，
於是刻意搭配雕花鞋來強調男士風格。
戴上太陽眼鏡，
在風和日麗的街道散步。

knit:JIL SANDER
tank top:JAMES PERSE pants:Kiton
shoes:SEBOY'S bag:No Data

遲來一週的生日約會。
今天想要穿的女性化一點，
但還是要保有我的風格而且感覺舒適。
土耳其石耳環強烈的奔放感
加上似乎要融化了的米色，
一種純淨無瑕的白。

knit:VONDEL
skirt:AMERICAN RAG CIE
shoes:TOD'S bag:J&M Davidson

短版上衣底下露出了襯衫長長的下襬。
這是大玩衣身長短遊戲的另一個版本。
今天同樣得繼續周遊各品牌的展示間，
看了各式各樣的單品及小飾品，
獲得了許許多多的靈感與刺激。

denim jacket:YANUK
shirt:Gitman Brothers pants:NINE
shoes:L'Artigiano di Brera bag:No Data

一早起床，溫和的氣溫令人神清氣爽。
抱著這樣的好心情穿搭出來的針織衫
及長褲。潔白、明亮、心情愉悅。
每次不經意挑選的服裝穿搭，
仔細一看總會發現一些
小小的改變與進化。

knit:VONDEL
pants:Kiton shoes:Repetto
bag:TOD'S

365 天過去了……

Kyoko
x x x

epilogue

365 天，每一年看似相同地度過，每一天的內容卻不盡相同。
生活中出現了什麼樣的大小事，或喜或怒或哀或樂，
不論是怎樣的一天，我們與當天的服裝穿搭，
也就只有這麼一天的相處緣分。
日日鞭策自己要不斷進步的小小努力，
對於我這個熱中於挑選最喜歡的衣物穿搭在身的拚命三郎來說，
也算得上是一股堅強的助力吧。

就拿我一件非常喜歡的針織衫來說吧，
一想到從紡織、染色、打版設計到縫紉，
凝聚了諸多人的堅持、哲學與熱情，
最終才得以完成這一件，內心便不自覺地湧出不可言喻的感動。
用心，是多麼了不起的一件事呀。
穿上衣服的瞬間，我也得到了能為所有人帶來幸福的那股力量……
我所從事的服裝造型設計工作，
就是為了將這些用心製做的單品們與某位女性繫上紅線。

所有購買本書的讀者們，以及經常蒞臨官網的網友們，承蒙大家的支持，
讓我對自己的工作總是充滿了熱情且樂在其中，
實在太幸福了。
讓穿在身上的衣服為自己加油打氣。
看似簡單，卻十分重要。
衷心期盼各位今天所挑選的服裝，能讓您展露出幸福的笑顏。

菊池京子

官網：http://kk-closet.com/
※飾品等相關資訊都刊載於這個網頁中。

作者：菊池京子 Kyoko Kikuchi　　　　　　譯者：陳怡君

從實用的基本造型到走在時代尖端的時尚穿搭，
運用千變萬化的造型技巧挖掘出日常生活服裝的極限魅力，
是人氣極高的造型設計師。活躍於女性雜誌及各大廣告，
發表的服裝單品很快就陸續銷售一空。
《穿顏色》《穿春夏》同時好評發售中！

淡江大學日文系畢業，專職譯者，譯作類型涵蓋旅行、飲食、
穿搭時尚、兩性溝通、生活保健等主題。翻譯作品集請見部
落格：http://ejean006.blogspot.tw

http://kk-closet.com/

「K.K closet」是菊池小姐所經營的時尚網站。
網頁當中所採用的單品都是菊池京子依據個人品味精心挑選，
一定能爲您帶來許多幫助！請各位務必蒞臨瀏覽。

staff list

Photos : Seishi Takamiya (still)　K.S (model)　Art Direction&Design : Masashi Fujimura
Writing : Naoko Okazaki

討論區 025

K.K closet
穿秋冬
時尚總監菊池京子教妳暖搭每一天
Autumn — Winter

菊池京子◎著
陳怡君◎譯

出版者：大田出版有限公司
台北市 10445 中山北路二段 26 巷 2 號 2 樓
E-mail：titan3@ms22.hinet.net　http://www.titan3.com.tw
編輯部專線：（02）25621383　傳眞：（02）25818761
【如果您對本書或本出版公司有任何意見，歡迎來電】
行政院新聞局局版台業字第 397 號
法律顧問：陳思成律師

總編輯：莊培園
副總編輯：蔡鳳儀
執行編輯：陳顗如
行銷企劃：古家瑄／董芸
校對：陳怡君／陳顗如
美術編輯：張蘊方
印刷：上好印刷股份有限公司．（04）23150280
初版：2015 年（民 104）十月一日　定價：280 元
四刷：2017 年（民 106）十月十日

K.K closet Stylist Kikuchi Kyoko No 365-Nichi Autumn-Winter by Kyoko Kikuchi
Copyright © 2014 by Kyoko Kikuchi
All rights reserved.
First published in Japan in 2014 by SHUEISHA Inc., Tokyo.
Complex Chinese translation rights in Taiwan, Hong Kong, Macau arranged by SHUEISHA Inc.
through Owls Agency Inc., Tokyo.
國際書碼：978-986-179-414-3　CIP：423.23/104015396